BEI GRIN MACHT SICH IHR WISSEN BEZAHLT

- Wir veröffentlichen Ihre Hausarbeit,
  Bachelor- und Masterarbeit

- Ihr eigenes eBook und Buch -
  weltweit in allen wichtigen Shops

- Verdienen Sie an jedem Verkauf

Jetzt bei www.GRIN.com hochladen
und kostenlos publizieren

Gert Reich (Hrsg.) / Tobias Stuckenberg

Oldenburger Beiträge zur Technischen Bildung

Carl v. Ossietzky Universität Oldenburg; Institut für Physik

Band 2

Programmieren mit dem Schulungsboard für Atmel-Mikrocontroller (Schulungsboard Version 2 mit USB-Schnittstelle)

GRIN Verlag

Bibliografische Information der Deutschen Nationalbibliothek:

Die Deutsche Bibliothek verzeichnet diese Publikation in der Deutschen National-
bibliografie; detaillierte bibliografische Daten sind im Internet über http://dnb.d-
nb.de/ abrufbar.

Impressum:

Copyright © 2012 GRIN Verlag GmbH
Druck und Bindung: Books on Demand GmbH, Norderstedt Germany
ISBN: 978-3-656-23390-9

Programmieren mit dem Schulungsboard für Atmel-Mikrocontroller

Schulungsboard Version 2 mit USB-Schnittstelle

Gert Reich

Tobias Stuckenberg

Oldenburg, den 29.05.2012

email

gert.reich@uni-oldenburg.de

tobias.stuckenberg@googlemail.com

Copyright ©

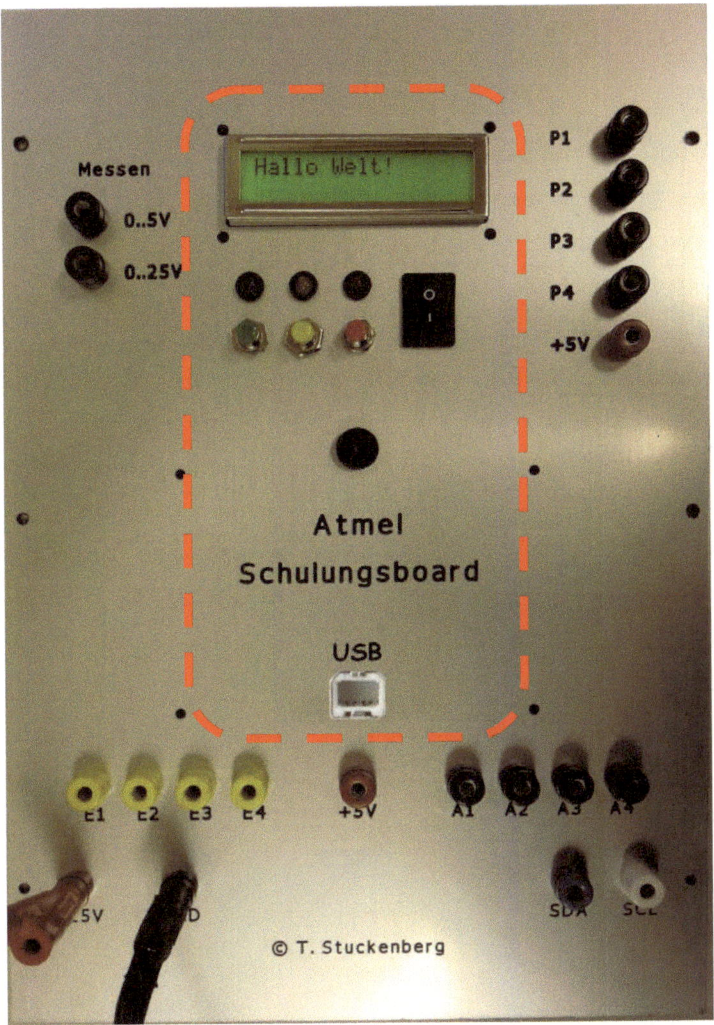

Um zu lernen, wie man einen Mikrocontroller programmiert, muss man einen Mikrocontroller programmieren.

Zu diesem Zweck haben wir einen Atmel Mikrocontroller in ein handliches Schulungsboard eingebaut. Der erste Band des Handbuchs bezieht sich auf die grundlegende Programmierung des Gerätes. In diesen Script wird auf die Basisfunktionen des Schulungsboards eingegangen – hier rot gekennzeichnet.

Inhalt

Einführung

Die Atmel Mikrocontroller sind programmierbare Speicherbausteine. Es gibt unterschiedliche Typen, die verschiedene Bauformen haben. Sie haben unterschiedlich viele „Beine" (Pins) und sie sind mehr oder weniger leistungsfähig. Bei allen Mikrocontrollern lässt sich die Funktion nahezu aller Pins festlegen (programmieren) und je nach Programm hat der Mikrocontroller ganz unterschiedliche Aufgaben. Je nach Typ sind Sonderfunktionen wie z.B. AD-Wandler oder Timer implementiert. In unserem Schulungsboard wird der Atmel Mikrocontroller „ATmega16"[1] verwendet.

Dieses Skript soll Ihnen helfen, einen erfolgreichen und einfachen Einstieg in diese komplexe Thematik zu finden. Anhand von einfachen Beispielen werden Ihnen die Grundfunktionen und Möglichkeiten der Atmel Mikrocontroller vorgestellt.

Mikrocontroller haben keine bestimmte Aufgabe – und das ist ihre Besonderheit, ihre Funktion wird erst durch ein Programm definiert. Leider verstehen Mikrocontroller nur Maschinensprache. Diese Programmiersprache ist ausgesprochen unanschaulich und nur ein ausgesprochen erfahrener Programmierer kann sie verwenden.

Zum Glück gibt es sogenannte Compiler, die in der Lage sind, gängige und leichter erlernbare Programmiersprachen in die für Atmel-Prozessoren verständliche Maschinensprache zu übersetzen. Wir haben uns hier für die Programmiersprache „Basic" entschieden, da diese Sprache sehr einfach zu erlernen ist – das prädestiniert sie für den Einsatz in der Schule. Um die Programme schreiben und um sie in Maschinensprache übersetzen zu können, verwenden wir die Software BASCOM der Firma „MCS electronics". Die Demoversion ist kostenlos.[2] Diese hat keine Funktionsbeschränkungen, nur darf die maximale Programmgröße 4 KB nicht überschreiten. Diese Grenze wird aber nur von sehr umfangreichen Programmen überschritten. Die Vollversion kann man derzeit für unter 80 € beziehen.

---

[1] http://www2.atmel.com/

[2] http://www.mcselec.com/

Jedes Basic Programm hat einen Programmkopf:

'Programmkopf	Jede Zeile, der ein ' vorrausgeht, wird vom Compiler ignoriert und dient lediglich zum besseren Verständnis des Programms. An erster Stelle sollte immer der Programmname sehen, der den Zweck des Programms beschreibt.
$regfile = "m16def.dat"	Hier wird dem Compiler zunächst mitgeteilt, für welchen Mikrocontroller das Programm geschrieben wurde. In unserem Fall ist das der ATmega16. „m16def.dat" ist eine Abkürzung für Mega16-Definitions-Datei.
$crystal = 16000000	In dieser Zeile wird die Taktfrequenz des Quarzes (Crystal) festgelegt, mit der der verwendete Mikroprozessor betrieben wird - in unserem Fall mit 16 MHz (16 000 000 Hz).

Die farbigen Hervorhebungen werden von BASCOM automatisch erzeugt und dienen der besseren Lesbarkeit des Programms.

Ein Basic-Programm wird Zeile für Zeile abgearbeitet. Im Programmkopf werden neben den schon vorgestellten Befehlen den Pins des Chips sinnvolle Namen gegeben, Variablen definiert oder Sonderfunktionen aktiviert. Erst danach beginnt dann das eigentliche Programm.

Allgemeiner Programmaufbau

Im Programmkopf werden, basierend auf dem Platinenlayout und dem verwendeten Prozessortyp, verschiedene Einstellungen festgelegt. Bei unserem Schulungsboard steht zum Beispiel schon fest, dass der ATmega16 verwendet wird, der mit einem externen Quarz von 16 MHz arbeitet. Weiterhin ist bestimmt, welcher Pin des Mikrocontrollers mit welcher Buchse und mit welchem Schalter und dem Display auf der Frontplatte verbunden ist.

Mit dem Compilerbefehl $regfile legt man für das Programm BASCOM fest, für welchen Prozessortyp die Kompilierung (die Übersetzung in die Maschinensprache) erfolgen soll. Wenn diese Zeile vorhanden ist, stellt der Programmeditor von BASCOM auf der rechten Seite des Bildschirms eine Übersicht mit allen Pins und – bei Klick auf einen Pin - dessen mögliche Funktionen bereit.

Der Befehl $crystal gibt an, mit welcher Taktfrequenz der entsprechende Mikrocontroller betrieben wird. Diese Einstellung ist wichtig, damit Pausenzeiten richtig berechnet werden können.

Steuern von Ausgängen

Unser erstes Programm beinhaltet den notwendigen Programmkopf und die notwendigen Befehle, um eine LED anzusteuern.

'rote LED einschalten	
$regfile = "m16def.dat"	
$crystal = 16000000	
Led_rt Alias Portb.5	Der Befehl Alias weist Portb.5 die Bezeichnung „Led_rt" (LED rot) zu. Man kann auch Portb.5 weiter verwenden, allerdings macht die Umbenennung auf „Led_rt" mehr Sinn.
Config Led_rt = Output	Hier wird Led_rt (und damit auch Portb.5) als Ausgang festgelegt.
Led_rt = 1	Schaltet die rote LED ein
End	Beendet das Programm

ATmega16 – Pinbelegung	Legende (Auszug)

PDIP

```
(XCK/T0) PB0 [  1      40 ] PA0 (ADC0)
   (T1)  PB1 [  2      39 ] PA1 (ADC1)
(INT2/AIN0) PB2 [ 3     38 ] PA2 (ADC2)
(OC0/AIN1) PB3 [  4     37 ] PA3 (ADC3)
   (SS)  PB4 [  5      36 ] PA4 (ADC4)
 (MOSI)  PB5 [  6      35 ] PA5 (ADC5)
 (MISO)  PB6 [  7      34 ] PA6 (ADC6)
  (SCK)  PB7 [  8      33 ] PA7 (ADC7)
        RESET [ 9      32 ] AREF
          VCC [ 10     31 ] GND
          GND [ 11     30 ] AVCC
        XTAL2 [ 12     29 ] PC7 (TOSC2)
        XTAL1 [ 13     28 ] PC6 (TOSC1)
  (RXD)  PD0 [ 14      27 ] PC5 (TDI)
  (TXD)  PD1 [ 15      26 ] PC4 (TDO)
 (INT0)  PD2 [ 16      25 ] PC3 (TMS)
 (INT1)  PD3 [ 17      24 ] PC2 (TCK)
 (OC1B)  PD4 [ 18      23 ] PC1 (SDA)
 (OC1A)  PD5 [ 19      22 ] PC0 (SCL)
  (ICP)  PD6 [ 20      21 ] PD7 (OC2)
```

Legende (Auszug):

PA	Port A umfasst die Pins PA7 – PA0 8-bit bidirektionaler I/0 Port
PB	Port B umfasst die Pins PB7 – PB0 8-bit bidirektionaler I/0 Port
PC	Port C umfasst die Pins PC7 – PC0 8-bit bidirektionaler I/0 Port
PD	Port D umfasst die Pins PD7 – PD0 8-bit bidirektionaler I/0 Port
VCC	Versorgungsspannung
GND	Ground, Masse
(…)	Sonderfunktion, wenn programmiert

Abbildung 1 zeigt, wie die Ports den einzelnen „Beinen" des Mikrocontrollers zugeordnet sind.

Leuchtdioden schalten

Das nächste Programm soll die drei Leuchtdioden auf dem Schulungsboard einschalten.

`'alle LED einschalten`
 	
`$regfile = "m16def.dat"`
 	
`$crystal = 16000000`
 	
`Led_rt Alias Portb.5`
`Led_ge Alias Portb.6`
`Led_gn Alias Portb.7`
	Hier werden den drei Ports die Aliasnamen für die rote, gelbe und die grüne LED zugewiesen.

`Config Led_rt = Output`
 	
`Config Led_ge = Output`
	Es ist erforderlich, den drei Ports die Funktion „Ausgang" zuzuweisen.

Config Led_gn = **Output**	
Led_rt = 1 Led_ge = 1 Led_gn = 1	Jetzt werden die drei LED eingeschaltet.
End	Beendet das Programm

Wir werden nun nach und nach den Pins der verschiedenen Ports Alias-Namen und Funktionen zuweisen. Beim nächsten Programm benötigen wir die LED nicht, wir behalten aber die programmierten Zeilen bei. So entwickeln wir langsam ein Grundprogramm, das uns die Programmierung des Schulungsboards vereinfacht.

Jetzt soll der Summer angesteuert werden. Wir verwenden das Programm, das wir eben geschrieben haben, und entfernen die drei Befehlszeilen, die die LED einschalten.

Der Summer ist ein kleiner Lautsprecher, der ununterbrochen ein- und ausgeschaltet werden muss, damit wir einen Ton hören können.

Wir weisen Portd.0 den Alias-Namen „Summer" zu und konfigurieren den Port als Ausgang (Output).

'Summer einschalten	
$regfile = "m16def.dat"	
$crystal = 16000000	
Led_rt **Alias** Portb.5 Led_ge **Alias** Portb.6 Led_gn **Alias** Portb.7 Summer **Alias** Portd.1	Diese Zeilen sind zwar für die Ansteuerung des Summers nicht erforderlich, wir löschen sie aber nicht, weil wir sie sicher bei den nächsten Aufgaben noch brauchen. Dem Portd.1 wird der Alias-Name „Summer" zugewiesen.
Config Led_rt = **Output**	siehe oben
Config Led_ge = **Output**	

Config Led_gn = **Output**	
Config Summer = **Output**	Auch der Summer soll ein Ausgang sein.

Do
  Summer = 1
  Waitus 477
  Summer = 0
  Waitus 477
Loop
 	
End
	Die Zeilen nach **Do** werden abgearbeitet und **Loop** (englisch: Schleife) lässt das Programm wieder bei **Do** beginnen.
	Summer = 1 schaltet den Summer ein,
	Summer = 0 aus.
	Waitus 477 bedeutet, dass 477 Mikrosekunden gewartet wird – damit wird das „dreigestrichene C" erzeugt.

Wenn alles stimmt, müsste es summen.

Da der Atmel Mikrocontroller für die Bearbeitung einer Programmzeile bei den meisten Befehlen weniger als eine Mikrosekunde braucht, benötigen wir die Pausenfunktion **Wait**.

Mit dem Befehl **Wait** können wir auch die LED blinken lassen.

Wait 5   bedeutet, dass die nächste Zeile erst nach einer Wartezeit von 5 Sekunden abgearbeitet wird.

Waitms 5   bedeutet, dass die nächste Zeile erst nach einer Wartezeit von 5 Millisekunden abgearbeitet wird.

Waitus 5   bedeutet, dass die nächste Zeile erst nach einer Wartezeit von 5 Mikrosekunden abgearbeitet wird.

Als Beispiel soll die rote LED blinken:

```
'Rote LED blinkt

$regfile = "m16def.dat"

$crystal = 16000000

Led_rt Alias Portb.5
Led_ge Alias Portb.6
Led_gn Alias Portb.7
Summer Alias Portd.1

Config Led_rt = Output

Config Led_ge = Output

Config Led_gn = Output

Config Summer = Output

Do
   Led_rt = 1
   Waitms 500
   Led_rt = 0
   Waitms 500
Loop

End
```

Die Do-Loop-Schleife wird so lange wiederholt, bis Sie den Strom abschalten oder ein neues Programm aufspielen.

Waitms 500 bedeutet, dass 500 Millisekunden gewartet wird.

Merke: Do und Loop bilden eine Endlosschleife. Um diese Wiederholung auch deutlich zu kennzeichnen, gehört es zum guten Programmierstil, alle Zeilen, die zu der entsprechenden Schleife gehören, einzurücken. Besonders bei längeren Programmen und verschachtelten Schleifen trägt das sehr zur Übersichtlichkeit bei.

Übungsaufgaben

Mit den jetzt bekannten Befehlen können Sie nun verschiedene Blinksignale programmieren, ein Mini-Lauflicht erzeugen oder „Musik machen":

- Programmieren Sie ein Blinklicht, bei dem die rote Led (Led_rt) im 2-Sekundentakt (eine Sekunde an, eine Sekunde aus) blinkt.

- Programmieren Sie ein Blinklicht, bei dem die rote und die Grüne Led (Led_gn) abwechselnd blinken.

- Programmiere eine Ampelphase
  Rot 3 Sekunden
  Rot + Gelb 1 Sekunde
  Grün 3 Sekunden
  Gelb 1 Sekunde

- Versuchen Sie eine LED zu dimmen, indem Sie sie schnell blinken lassen, variieren Sie die Ein- und Ausschaltzeit. Das menschliche Auge ist relativ träge, ab 24 Bildern pro Sekunde können wir die einzelnen Bilder nicht mehr voneinander unterscheiden, diesen Effekt beobachten wir auch bei einer sehr schnell blinkenden LED.

- Programmieren Sie ein Blinklicht, bei dem die rote LED im Sekundentakt, die gelbe LED im 2-Sekundentakt und die grüne LED im 3-Sekundentakt blinkt.

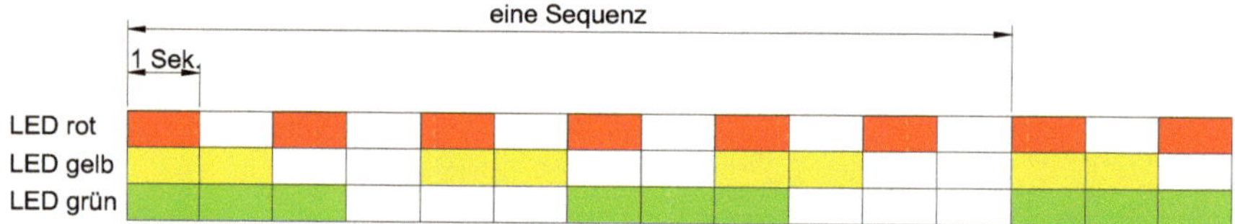

Abbildung 2: Zeitplan für die Beispielaufgabe

- Versuchen Sie einen Ton von 500Hz, 1000Hz, 2000Hz zu erzeugen. (Wer eine Melodie programmieren will, kann unter den Stichworten „Musik" und „Frequenz" im Internet die benötigten Umrechnungstabellen finden.)

Eingabe durch Taster

Unser Schulungsboard hat drei Taster und einen Schalter, um für Übungszwecke Eingangssignale zu erzeugen.

Die dazu erforderliche Prozedur gleicht der Definition der Ausgänge – nur wird (aus schwer zu erklärenden programmtechnischen Gründen) der Port 1 als Pind.1 bezeichnet.

```
'Taster zuweisen und erproben

$regfile = "m16def.dat"

$crystal = 16000000

Led_rt Alias Portb.5
Led_ge Alias Portb.6
Led_gn Alias Portb.7
Summer Alias Portd.0
Taster_gn Alias Pind.2
Taster_ge Alias Pind.3
Taster_rt Alias Pinb.2

Config Led_gn = Output
Config Led_ge = Output
Config Led_rt = Output
Config Summer = Output
Config Taster_gn = Input
Config Taster_ge = Input
Config Taster_rt = Input

Do
  If Taster_gn = 1 Then Led_gn = 1 Else
Led_gn = 0
  If Taster_ge = 1 Then Led_ge = 1 Else
Led_ge = 0
  If Taster_rt = 1 Then Led_rt = 1 Else
Led_rt = 0
Loop

End
```

Hier werden für die Pind.2-3 und Pinb.2 die Aliasnamen festgelegt.

Hier werden die Eingänge konfiguriert.

Wenn (If) der grüne Taster gedrückt wird, soll die grüne LED leuchten, wenn nicht (Else), soll sie ausgeschaltet bleiben.

In der **Do-Loop**-Schleife werden die drei Zeilen **If – Then – Else** so schnell nacheinander abgefragt, dass jeder Tastendruck registriert und für unsere Wahrnehmung verzögerungsfrei umgesetzt wird.

> Merke: **If – Then – Else**-Befehle müssen in einer Zeile geschrieben werden.
> Eine alternative Schreibweise finden Sie auf Seite 17.

Vervollständigung des Programmkopfs und Ansteuerung des LCD-Display

Da nahezu alle Pins des Mikrocontrollers als Eingang oder als Ausgang benutzt werden können, muss man vor dem eigentlichen Programmcode die Ein- und Ausgänge definieren. Mit dem Befehl **Alias** werden den Pins sinnvolle Namen zugewiesen. Beim Programmieren ist es im Prinzip egal, ob man z.B. **Taster_gn** oder **Pind.2** schreibt – die Benutzung des Alias-Namens ist, insbesondere bei umfangreicheren Programmen, zum besseren Verständnis des Quelltextes allerdings erforderlich.

> Merke: Bei Eingängen schreibt man **Pin**, bei Ausgängen **Port**.
> Die Verwechslung
> von Pin und Port gehört zu den häufigsten Programmfehlern.

Es ist sinnvoll, alle programmierbaren Pins des Mikrocontrollers mit Alias-Namen zu versehen und ihnen eine Funktion als Ein- oder Ausgang zuzuweisen. Das Bild auf Seite 8 zeigt, dass unser Mikrocontroller über 4 Ports mit je 8 Pins verfügt.

Wir weisen nun allen Pins und Ports, die mit den Buchsen, den Tastern, dem Schalter und den LED unseres Experimentierboards verbunden sind, sinnvolle Namen zu.

Zusätzlich müssen wir zwei Zeilen einfügen, um unser LCD-Display ansteuern zu können. Im Anhang auf Seite 30 befindet sich der Pin-Belegungsplan des eingebauten LCD-Displays, aus dem man ansatzweise erahnen kann, was mit den Zeilen gemeint ist.

Config Lcdpin = Pin , Db4 = Porta.2 , Db5 = Portb.4 , Db6 = Portb.1 , Db7 = Portb.0 , E = Porta.3 , Rs = Portd.0

Config Lcd = 16 * 2

Bitte diese Zeilen „stumpf" abtippen.

In diesen beiden Zeilen wird festgelegt, welche Art von Display wir verwenden und welche Pins mit welchen Steuerleitungen verbunden sind. Das Display selbst enthält einen eigenen Controller, der sich um die Darstellung kümmert. Das kann gelegentlich dazu führen, dass auf dem Display noch ein Text steht, obwohl man schon mit einem anderen Programm arbeitet. Der Atmel-Mikrocontroller sendet lediglich die Informationen, was an welcher Stelle im Display dargestellt werden soll.

`$regfile = "m16def.dat"` `$crystal = 16000000`	

`Taster_gn Alias Pind.1`
`Taster_ge Alias Pind.2`
`Taster_rt Alias Pind.3`
`Schalter Alias Pind.6`	

`Led_rt Alias Portb.5`
`Led_ge Alias Portb.6`
`Led_gn Alias Portb.7`
`Summer Alias Portd.0`	

`Config Led_gn = Output`
`Config Led_ge = Output`
`Config Led_rt = Output`
`Config Summer = Output`
`Config Taster_gn = Input`
`Config Taster_ge = Input`
`Config Taster_rt = Input`
`Config Schalter = Input`	

`Config Lcdpin = Pin , Db4 = Porta.2 , Db5 = Portb.4 , Db6 = Portb.1 , Db7 = Portb.0 , E = Porta.3 , Rs = Portd.0`
 	
`Config Lcd = 16 * 2`
	Bis hierhin reicht die Programmierung der Voreinstellungen des Schulungsboards.

`'Programmbeginn`
`Cls`
`Lcd "Hallo Welt!"`
	Jetzt beginnt das eigentliche Programm:
	mit `Cls` (= clear Screen) wird das Display
	vorbereitet und `Lcd` schreibt den nachfolgenden Text auf das LCD-Display.

`End`	

> Merke: Auf dem LCD-Display lassen sich 32 Zeichen
> in zwei Reihen zu je 16 Zeichen ausgeben.

Taster und Schalter: Aufgaben

Ein gängiges Problem bei der Programmierung ist die Abfrage des Zustands eines Tasters oder eines Schalters. Auf Seite 13 haben wir bereits die Tasterabfrage programmiert:

```
Do
  If Taster_gn = 1 Then Led_gn = 1 Else Led_gn = 0
  If Taster_ge = 1 Then Led_ge = 1 Else Led_ge = 0
  If Taster_rt = 1 Then Led_rt = 1 Else Led_rt = 0
Loop
```

<table>
<tr><td>

```
Do
  If Taster_gn = 1 Then
    Led_gn = 1
  Else
    Led_gn = 0
  If Taster_ge = 1 Then
    Led_ge = 1
  Else
    Led_ge = 0
  If Taster_rt = 1 Then
    Led_rt = 1
  Else
    Led_rt = 0
  End If
Loop
```

</td><td>

Beide Tasterabfragen verhalten sich identisch. Bei dieser Schreibweise muss die Frage If – Then - Else allerdings mit End If abgeschlossen werden, sonst funktioniert die Abfrage nicht.

</td></tr>
</table>

Übungsaufgaben:

- Solange der grüne Taster gedrückt wird, soll nur die grüne LED leuchten, wenn er nicht gedrückt wird, soll nur die rote LED leuchten.

- Solange der rote Taster gedrückt wird, soll die rote LED blinken.

- Solange der grüne Taster gedrückt wird, soll die grüne LED leuchten, solange der gelbe Taster gedrückt wird, soll die gelbe LED leuchten, solange der rote Taster gedrückt wird, soll die rote LED leuchten.

- Ist der Taster gedrückt (Ein), blinkt die rote LED, ist er nicht gedrückt (Aus), leuchtet sie konstant.

- Ein Druck auf die grüne Taste lässt die gelbe LED leuchten, ein Druck auf die rote Taste schaltet sie wieder aus.

- Der grüne Taster soll einen 500Hz-Ton erzeugen, der gelbe Taster einen 1000Hz Ton und der rote Taster einen 2000Hz-Ton.

- Wird der grüne Taster gedrückt, soll ein Ton erzeugt werden. Die Frequenz richtet sich nach dem Taster: ist er gedrückt - ein 2000Hz-Ton, ist er nicht gedrückt - ein 1000Hz-Ton.

Schleifen und Variablen

Beim Programm „Die rote LED blinkt" auf Seite 11 f haben wir mit **Do – Loop** eine Möglichkeit kennengelernt, wie man eine Schleife programmiert, die ununterbrochen durchlaufen wird.

Oft kommt es vor, dass man bestimmte Programmteile nicht ununterbrochen, sondern nur X-Mal hintereinander ausführen möchte.

'Rote LED blinkt 10 Mal	
$regfile = "m16def.dat" $crystal = 16000000	
Taster_gn Alias Pind.2 .... Config Lcd = 16 * 2	Zur Vereinfachung haben wir hier nicht den gesamten Programmkopf abgedruckt.
'Programmbeginn	

Dim X As Word
For X = 1 To 10
  Led_gn = 1
  Waitms 500
  Led_gn = 0
  Waitms 500
Next X
	Der Befehl **Dim** legt die Variable X im Speicher des Mikrocontrollers an. Mit dem Zusatz **As Word** wird festgelegt, dass eine Zahl von 0 bis 65535 akzeptiert wird.
	
	For X **= 1 To** 10 bedeutet, dass die folgende Schleife solange durchlaufen wird, bis X den Wert 10 erreicht hat.
	
	Es geht los mit X = 1 dann schaltet die LED sich ein und wieder aus, Next X setzt die Variable X auf 2 und die Schleife beginnt von vorn.

End	

Jede Schleife beginnt mit dem Befehl **For** und endet mit dem Befehl **Next**. Zusätzlich braucht jede Schleife noch einen Zähler - hier die Variable X.

Da jede Variable Speicherplatz belegt, muss man mit BASCOM den Platzbedarf vorher ankündigen. In der ersten Zeile wurde mit dem Befehl **Dim** (Dimension a variable) die Variable X im Speicher des Mikrocontrollers angelegt und reserviert. Mit dem Zusatz **As Word** wird festgelegt, dass nur eine Zahl zwischen 0 und 65535 akzeptiert wird.

Es gibt noch andere Typen von Variablen, z.B. vom Typ String, mit der man Text speichern kann. Diese werden in diesem Handbuch allerdings nicht verwendet.

In unserem Beispielprogramm wird zu Beginn durch **For** der Variable X der Startwert 1 zugewiesen. Bei dem Befehl **Next** X wird zur Variablen X eine 1 addiert und das Programm springt wieder zum Befehl **For**. Jetzt wird überprüft, ob X schon den Zielwert 10 erreicht hat. Falls dies nicht der Fall ist, werden alle Befehle noch einmal abgearbeitet, falls X den Wert 10 erreicht hat, läuft das Programm nach dem **Next** weiter. Man kann beliebige Start und Zielwerte im Rahmen von 0 bis 65535 festlegen. Wenn alles richtig programmiert ist, blinkt die LED drei Mal.

Beispielaufgaben:

- Bei einem Druck auf den grünen Taster soll die grüne LED 5 Mal blinken, bei einem Druck auf den gelben Taster 10 Mal, bei einem Druck auf den roten Taster 20 Mal.

- Erzeuge einen 500Hz-Ton, der exakt 5 Sekunden dauert.

Display und Schleifen

Das Schulungsboard verfügt, wie Sie schon wissen, über ein kleines Display. Mit Hilfe dieser Anzeige lassen sich Programmabläufe leichter nachvollziehen. Wir wollen nun ein Programm vorstellen, mit dessen Hilfe der korrekte Durchlauf der Schleife sichtbar gemacht werden kann.

'Schleifendurchlauf auf Display ausgeben	
`$regfile = "m16def.dat"` `$crystal = 16000000`	

`Taster_gn Alias Pind.2`
`.....`
`.....`
`.....`
`Config Lcd = 16 * 2`
	Zur Vereinfachung haben wir hier nicht den gesamten Programmkopf abgedruckt.

'Programmbeginn
 	
`Dim X As Word`
`For X = 1 To 10`
`  Cls`
`  Lcd X`
`  Wait 1`
`Next X`
	Dim X legt die Variable X im Speicher an. Dann wird festgelegt, wie oft die Schleife durchlaufen werden soll.
	Cls löscht das Display.
	Mit dem Befehl **Lcd** X wird auf dem Display der Wert der Variablen ausgegeben. Damit man den Wert auch ablesen kann, wird eine Sekunde gewartet, bevor der nächste Schleifendurchlauf kommt.

`End`	

Mit dem Befehl **Lcd** wird in unserem Fall der Wert X aus dem Speicher auf dem LCD-Display ausgegeben. Die Zahl erscheint, da nichts anderes bestimmt wurde, oben links.

Um das Display besser ansteuern zu können, werden wir nun den Befehl **Locate** einführen.

Locate y , x	y steht für die Zeile (bei unserem Display sind nur die Zeilen 1 und 2 möglich) und x steht für die Spalte, in der die Ausgabe beginnen soll.

'Schleifendurchlauf und Text auf Display ausgeben

```
$regfile = "m16def.dat"
$crystal = 16000000
```

Taster_gn Alias Pind.2 .... Config Lcd = 16 * 2	Zur Vereinfachung haben wir hier nicht den gesamten Programmkopf abgedruckt.

'Programmbeginn
 	
Dim X As Word
Cls
Lcd "Schleife"
For X = 1 To 10
  Locate 2 , 1
  Lcd "Nr.: " ; X
  Wait 1
Next X
	Mit Lcd "Schleife" wird in Zeile 1 beginnend oben links der Text „Schleife" ausgegeben.
	Locate 2 , 1 bestimmt, dass nun in Zeile 2 ganz links weitergeschrieben wird.
	Lcd plaziert dort den Text „Nr.:" und gibt dann den Wert der Variablen X aus.

End	

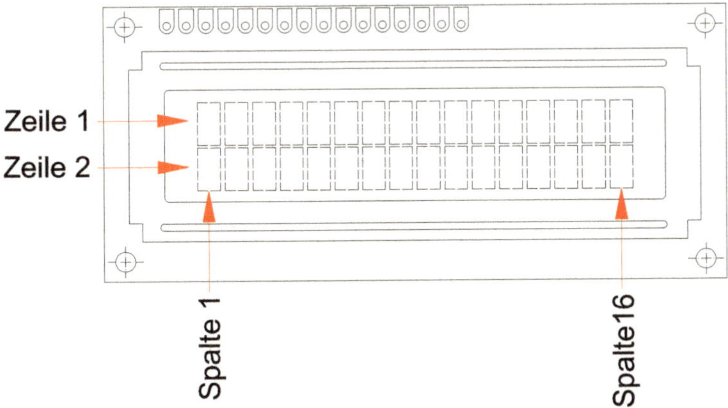

Abbildung 3: Erläuterung der Syntax des Befehls "Locate"

> Merke: Das Display kann maximal 16 Zeichen pro Zeile darstellen.
> Ist der Text länger, wird der überstehende Teil einfach abgeschnitten.
> Der Text erscheint nicht automatisch in der zweiten Zeile.

Führt man das Programm aus, sieht man hinter dem Text noch den Cursor – ein nicht blinkender Tiefstrich. Er zeigt an, an welcher Stelle als nächstes geschrieben wird – vorausgesetzt, man programmiert eine weitere Textausgabe, ohne mit Locate eine Festlegung zu treffen.

Übungsaufgaben:

- Mit dem Befehl Cursor Off kann man den Cursor ausblenden, Cursor On schaltet ihn wieder ein. Cursor Blink und Cursor Noblink ändern die Darstellung des Cursors.
  Probieren Sie die Befehle aus. Geben Sie Texte auf dem Display aus.

- Schreiben Sie ein Programm, das bis zur Zahl 100 hochzählt.

- Schreiben Sie ein Programm, das in 10er Schritten bis 1000 zählt.

- Schreiben Sie ein Programm, das alle geraden Zahlen bis 200 ausgibt.

Ausgabe von Zufallszahlen

Mikrocontroller haben auch im Spielebereich Einzug gehalten. Die Erzeugung von Zufallszahlen ist dabei unverzichtbar, denken wir z.B. an einen elektronischen Würfel.

Leider kennen wir keine mathematische Formel, bei deren Berechnung immer ein anderes Ergebnis herauskommt. Eine Zufallszahl ist nicht berechenbar. Die meisten Systeme haben zu dem Zweck eine Liste mit Zufallszahlen gespeichert, auf die per Befehl zurückgegriffen werden kann. So auch bei dem ATmega16.

Rnd(limit) **Rnd**(6)	**Rnd** = Random. Limit gibt den Zahlenraum an, der für die Zufallszahl genutzt werden soll. Mit **Rnd**(6) wird der Zahlenraum 0 bis 5 verwendet.

Wenn wir den Befehl **Rnd**(6) für ein Würfelspiel nutzen wollen, gibt es zwei Probleme: Das erste lässt sich schnell lösen. Unser Würfel zeigt normalerweise die Augen 1 bis 6. **Rnd**(6) gibt die Zahlen 0 bis 5 aus. Also addieren wir zur Zufallszahl eine 1.

Incr var	Mit **Incr** (= increase) wird eine Variable um den Wert 1 erhöht.

Das zweite Problem ist größer: Jedes Mal, wenn der Microcomputer eingeschaltet wird, greift **Rnd**(limit) auf dieselbe Liste der Zufallszahlen in immer derselben Reihenfolge zurück.

Die einfachste Lösung dieses Problems ist, wenn man den Random Befehl so lange neu startet, wie ein Taster gedrückt wird. Bei 16 MHz wird es keinem Menschen gelingen, den Taster auf die millionstel Sekunde genau zur selben Zeit loszulassen.

`'Zufallszahl ausgeben`	
`$regfile = "m16def.dat"` `$crystal = 16000000`	

`Taster_gn Alias Pind.2`
`.....`
`.....`
`.....`
`Config Lcd = 16 * 2`
	Zur Vereinfachung haben wir hier nicht den gesamten Programmkopf abgedruckt.

`'Programmbeginn`	

`Dim X As Word`
`Cls`
`Do`
`  If Taster_gn = 1 Then`
`    X = Rnd(6)`
`    Incr X`
`  Else`
`    Locate 1,1`
`    Lcd X`
`  End If`
`Loop`
	Das Programm geht sofort nach dem Löschen des Displays in die Schleife zwischen **Do** und **Loop**. Mit **If** Taster_gn = 1 wartet das Programm auf die Betätigung des grünen Tasters. Wird der Taster gedrückt, werden in einer Endlosschleife Zufallszahlen erzeugt. Nach Loslassen des Tasters bleibt die letzte, durch **Lcd** X geschriebene, Zahl sichtbar.

`End`	

Verwendung von Interrupts

Ein Interrupt ist eine gewollte Programmunterbrechung.

Durch Interrupts ist es möglich, zwei Sachen „gleichzeitig" zu machen. Wenn wir z.B. ein Blinklicht programmiert haben und gleichzeitig den Zustand eines Tasters abfragen wollen, lässt sich dies am einfachsten durch einen Interrupt realisieren. Wir zwingen damit den Mikrocontroller, neben seiner Aufgabe ununterbrochen zu prüfen, ob ein Taster gedrückt ist oder nicht.

'Interrupts	
`$regfile = "m16def.dat"` `$crystal = 16000000`	

`Taster_gn Alias Pind.2`
.....
.....
.....
`Config Lcd = 16 * 2`
	Zur Vereinfachung haben wir hier nicht den gesamten Programmkopf abgedruckt.

`Enable Interrupts`	erlaubt grundsätzlich Programmunterbrechungen

`Enable Int0`
`Enable Int1`
`On Int0 Ein`
`On Int1 Halt`
`Config Int0 = Rising`
`Config Int1 = Rising`
	schaltet Interrupt 0 scharf (= grüner Taster)
	schaltet Interrupt 1 scharf (= gelber Taster)
	Wenn Int0 / Int1 ausgelöst wird, führe Unterprogramm Ein / Halt aus.
	Int0 soll auf die steigende Flanke reagieren.
	Int1 soll auf die steigende Flanke reagieren.

'Programmbeginn
`Do`
`Led_gn = 1`
`Waitms 500`
`Led_gn = 0`
`Waitms 500`
`Loop`
	Diese Routine lässt die grüne LED im Sekundentakt blinken.

Ein: Led_rt = 1 Return	Dieses Unterprogramm schaltet die rote LED ein.
Halt: Led_rt = 0 Return	Dieses Unterprogramm schaltet die rote LED aus.
End	

Der Interrupt-Befehl ist nicht unkompliziert: Der Atmel-Mikrocontroller besitzt drei interruptfähige Pins (Int0, Int1 und Int2), die bei uns mit den drei Tastern grün, gelb und rot verbunden sind.

Um den Interrupt-Befehl nutzen zu können, müssen mehrere Parameter gesetzt werden.

Der Befehl Enable Interrupts legt fest, ob mein Hauptprogramm überhaupt von Interrupts unterbrochen werden darf. Mit den Befehlen Enable Int0 bzw. Enable Int1 lege ich fest, dass ein Druck auf den grünen bzw. gelben Taster den Interrupt auslöst. Ein Druck auf den roten Taster (Int2) bleibt wirkungslos.

Mit dem On Befehl ordne ich dem Interrupt ein bestimmtes Unterprogramm zu. So wird mit dem Befehl „On Int0 Ein" dem Interrupt 0 das Unterprogramm „Ein" zugewiesen.

Mit dem Config Befehl wird festgelegt, ob der Interrupt beim Drücken oder beim Loslassen des Tasters ausgelöst werden soll.

Config Int0 = Rising bedeutet, dass der Controller auf eine ansteigende Spannung von 0 auf 5 V reagiert – man spricht dabei von der Reaktion auf eine steigende Flanke. Alternativ dazu würde der Parameter „Falling" auf eine fallende Flanke, d.h. einen Wechsel der Spannung von 5 auf 0 V, reagieren.

Der Name eines Unterprogramms endet grundsätzlich mit einem Doppelpunkt. Leerschritte in Unterprogrammnamen sind nicht erlaubt. Das Ende eines Unterprogramms wird durch den Befehl Return gekennzeichnet.

Programmierbefehle und Syntax

$crystal = 1000000	Legt die Taktfrequenz des Quarzes (Crystal) fest, mit der der verwendete Mikroprozessor betrieben wird. Die Atmel-Prozessoren laufen im Auslieferungszustand mit 1 MHz (= 1 000 000 Hz).
$regfile = „datei"	Definitionsdatei, für welchen Kontroller das Programm geschrieben wurde. „m16def.dat" ist eine Abkürzung für ATmega16-Definitions-Datei.
Alias	Kann den Pins des Kontrollers sinnvolle Namen zuweisen.
Cls	Löscht alle Zeichen auf dem Display.
Config	Legt Einstellungen fest: z.B. ob ein Pin ein Eingang oder ein Ausgang ist oder an welchen Pins das Display angeschlossen ist.
Cursor Blink	Cursor auf dem Display blinkt.
Cursor Noblink	Cursor auf dem Display blinkt nicht.
Cursor Off	Cursor ist nicht zu sehen.
Cursor On	Cursor ist eingeschaltet.
Dim X As Word	Legt fest, dass die Variable X aus einer Zahl zwischen 0 bis 65535 bestehen kann.
Do – Loop	Anfang und Ende einer Schleife.
Enable	Aktiviert Interrupts.
End	Programmende. Muss am Schluss jedes Programms stehen.
End If	Schließt einen Zyklus, der mit If-Then begonnen hat, ab.
If – Then	wenn-dann-Bedingung
Incr var	Addiert den Wert 1 zu einer Variablen.

Lcd Text oder Variable	Weist den Kontroller an, auf dem Display einen Text oder den Wert einer Variablen auszugeben.
Locate y , x	Bestimmt, in welche Zeile und in welche Spalte des Displays geschrieben werden soll.
On	Legt das Unterprogramm zu einem Interrupt fest.
Return	Markiert das Ende eines Unterprogramms und erzwingt einen Rücksprung.
Rnd (limit)	Erzeugt eine Zufallszahl aus einer vorgegebenen Liste, limit legt den Zahlenraum fest.
Wait n	Hält das Programm für n Sekunden an.
Waitms n	Hält das Programm für n Millisekunden an.
Waitus n	Hält das Programm für n Mikrosekunden an.

Anhang

Pin Nr.	Symbol	Level	Beschreibung	
1	VSS	0V	Ground	0 V
2	VDD	5.0V	Supply voltage for logic	5 V
3	VO	-	Input voltage for LCD	Kontrastregler Poti 10k
4	RS	H/L	H = Data, L = Instruction code	Portd.0
5	R/W	H/L	H = Read mode, L = Write mode	0 V
6	E	H, H → L	Chip enable signal	Porta.3
7	DB0	H/L	Data bit 0	not connected
8	DB1	H/L	Data bit 1	not connected
9	DB2	H/L	Data bit 2	not connected
10	DB3	H/L	Data bit 3	not connected
11	DB4	H/L	Data bit 4	Porta.2
12	DB5	H/L	Data bit 5	Portb.4
13	DB6	H/L	Data bit 6	Portb.1
14	DB7	H/L	Data bit 7	Portb.0
15	BLA	4.2V	Back light anode	4,2 V
16	BLK	0V	Back light cathode	0 V

Abbildung 4: Pinbelegung des LCD-Moduls

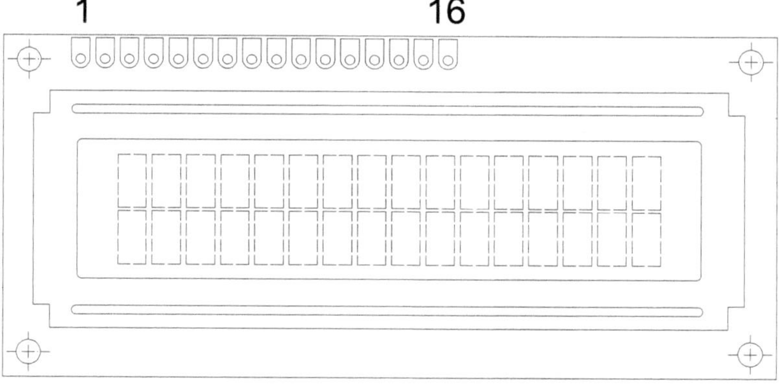

Abbildung 5: Anschlussplan des LCD-Moduls